AF498574

Guía de prácticas para el curso de Construcción I

Patricio Bejarano

CADUCEUS

GUÍA DE PRÁCTICAS PARA EL CURSO DE CONSTRUCCIÓN I
© Patricio Bejarano

Editado por: Corporación Ígneo, S.A.C.
para su sello editorial Caduceus
José Olaya 169, Ofic. 504, Miraflores. Lima, Perú
Primera edición, mayo, 2025

ISBN: 978-612-5170-20-0

Hecho el Depósito Legal en la Biblioteca Nacional del Perú N°2025-04617

www.grupoigneo.com
Correo electrónico: contacto@grupoigneo.com | Teléfono: +51 955 071 270
Facebook: Grupo Ígneo | X: @editorialigneo | Instagram: @grupoigneo

Contenido

Introducción

La industria de la construcción en Perú desempeña un papel crucial en el desarrollo económico y social del país. A lo largo de los años, esta actividad ha experimentado cambios significativos en términos de regulaciones, tecnologías y prácticas laborales. Sin embargo, también enfrenta desafíos persistentes, como los altos índices de accidentes laborales y la informalidad en algunos sectores.

En este ensayo se analizarán los procedimientos actuales en construcción, destacando tanto los aspectos positivos como las áreas que requieren mejora. Además, se explorará la dinámica económica del sector en la ciudad de Arequipa, identificando si su crecimiento sigue una tendencia positiva o negativa.

Procedimientos de construcción: avances y desafíos

Aspectos positivos

En los últimos años, el sector de la construcción en Perú ha adoptado mejores prácticas en varios aspectos:

- **Regulaciones y normativas:** La implementación de normas técnicas y reglamentos de seguridad más estrictos, como el Reglamento Nacional de Edificaciones, ha fortalecido los estándares de calidad y seguridad en las obras.
- **Tecnologías modernas:** El uso de herramientas como el BIM (Building Information Modeling) y maquinarias de alta tecnología ha optimizado los procesos constructivos, reduciendo tiempos y costos.
- **Capacitación del personal:** Las iniciativas de formación para trabajadores y profesionales de la construcción han mejorado las competencias técnicas del recurso humano.

Aspectos negativos

A pesar de los avances, persisten problemas estructurales que limitan el desarrollo del sector:

- **Informalidad:** Una parte significativa de las obras en el país se realiza de manera informal, lo que afecta la calidad, la seguridad y los derechos laborales.
- **Altos índices de accidentes:** Aunque ha habido mejoras, los accidentes laborales en construcción siguen siendo una preocupación. Según datos del Ministerio de Trabajo, en los últimos años se han registrado tasas alarmantes de incidentes, muchos de ellos vinculados a la falta de cumplimiento de protocolos de seguridad.
- **Impacto ambiental:** Las prácticas de gestión ambiental aún son deficientes en muchas obras, generando problemas como la contaminación del suelo y el manejo inadecuado de residuos.

Índices de accidentes laborales

El índice de accidentes en la construcción ha sido un indicador preocupante. Durante el periodo 2018-2023, el Ministerio de Trabajo reportó que la construcción es uno de los sectores con más incidentes laborales. La mayoría de estos accidentes se deben a:

- Caídas desde alturas.
- Uso inadecuado de equipos de protección personal (EPP).
- Falta de capacitación en procedimientos seguros.

A pesar de las campañas de sensibilización y las inspecciones laborales, las cifras siguen siendo preocupantes. Esto resalta la necesidad de un compromiso más firme por parte de empresas y autoridades para garantizar entornos laborales seguros.

Perspectivas económicas en Arequipa

La ciudad de Arequipa, considerada uno de los polos económicos más importantes del sur del Perú, ha mostrado una dinámica particular en el sector construcción:

- **Crecimiento económico:** La construcción ha tenido un crecimiento sostenido gracias a proyectos de infraestructura pública y privada, como carreteras, hospitales y edificaciones residenciales.
- **Impacto de la pandemia:** Durante la pandemia de COVID-19, el sector sufrió una contracción significativa. Sin embargo, en los últimos dos años ha mostrado signos de recuperación, aunque con ritmos variables.
- **Inversión privada:** En 2023, se observó un incremento en la inversión inmobiliaria en Arequipa, impulsada por la demanda de vivienda. Sin embargo, factores como la inflación y el encarecimiento de materiales de construcción han limitado el ritmo de crecimiento.

Tendencias

El sector parece tener un futuro prometedor en Arequipa, pero con ciertos retos que superar:

- **Incremento de costos:** El alza en los precios de materiales como cemento y acero ha afectado los presupuestos de obras.
- **Falta de mano de obra calificada:** Aunque hay oferta laboral, no siempre se cuenta con personal suficientemente capacitado, lo que impacta en la calidad.

Fase 1: Introducción a construcción I y cimentaciones

1.1. Introducción al curso

El curso Construcción I está diseñado para proporcionar una base sólida en los principios y prácticas fundamentales de la construcción, comenzando desde la preparación del terreno hasta la implementación de cimentaciones eficaces y seguras. Este curso combina teoría y práctica para garantizar que los estudiantes no solo comprendan los conceptos técnicos, sino que también adquieran habilidades prácticas que les permitan enfrentar los retos reales en un entorno de obra.

1.1.1. Objetivos del curso

- **Desarrollar habilidades prácticas en la gestión de obras:** Los estudiantes aprenderán a identificar los tipos de suelos, evaluar su capacidad de carga y preparar el sitio de construcción de manera adecuada.
- **Aprender los procedimientos constructivos correctos de las partidas propias de construcción civil:** Se detallarán los métodos y técnicas para la excavación y construcción de cimentaciones, desde las superficiales hasta las profundas.
- **Aplicar las normas técnicas peruanas (NTP):** Se enfatiza el cumplimiento de las NTP relevantes para asegurar la calidad, la seguridad y la durabilidad de las construcciones.

1.1.2. Importancia de la construcción y relación con las normas peruanas

La construcción es una actividad esencial que impacta directamente en la seguridad y el bienestar de las personas, así como en la infraestructura de la sociedad. Cumplir con las normas técnicas peruanas (NTP) garantiza que los proyectos no solo sean seguros y sostenibles, sino que también cumplan con los requisitos legales y de calidad exigidos. En este curso se destacará la importancia de aplicar estas normas para garantizar la excelencia en la ejecución y la integridad de las obras.

1.1.3. Contexto de la construcción en Perú

Perú, con su diversidad geográfica y condiciones climáticas variables, presenta desafíos únicos en la construcción. Desde áreas sísmicas hasta zonas costeras con alta humedad, cada proyecto requiere un enfoque específico para garantizar la estabilidad y la seguridad. Este curso prepara a los estudiantes para abordar estos desafíos mediante la aplicación de técnicas adecuadas y el cumplimiento de las normas NTP.

1.2. Reconocimiento del terreno y preparación de la obra

El reconocimiento y la preparación del terreno son procesos fundamentales para garantizar una base estable para la construcción. Se deben seguir ciertos procedimientos y realizar pruebas para determinar la calidad del suelo y su capacidad de carga.

1.2.1. Procedimientos de reconocimiento del terreno

- **Identificación de tipos de suelos:** Utilizando el penetrómetro, se pueden identificar tipos de suelos (arcillosos, limosos, arenosos) y su capacidad de carga.

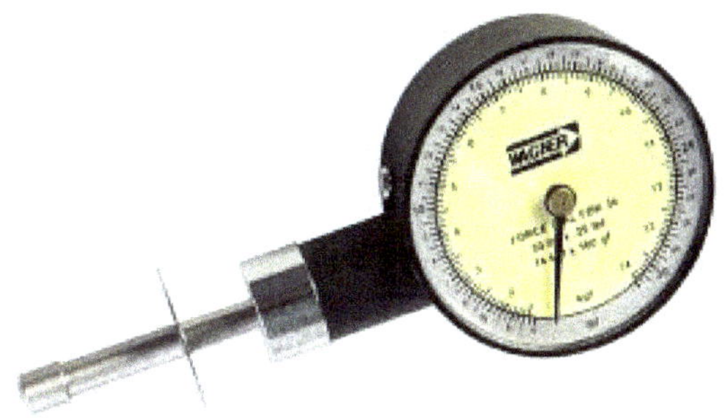

Imagen 1: Penetrómetro análogo.

- **Pruebas de mecánica de suelos:**
  - **Compactación Proctor:** Evalúa la densidad máxima y la humedad óptima para el suelo.

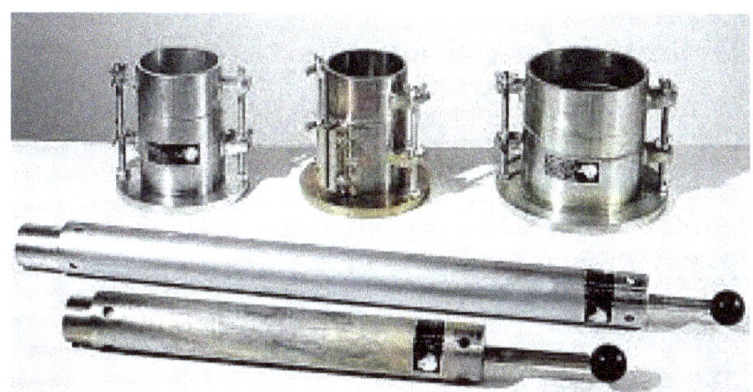

Imagen 2: Proctor normal y modificado.

  - **Ensayo de carga puntual y triaxial:** Mide la resistencia al esfuerzo cortante.

1.2.2. Procedimientos de limpieza y nivelación del terreno

- **Uso de maquinaria pesada:** Retroexcavadoras y motoniveladoras para la eliminación de materiales no deseados.
- **Técnicas manuales:** El desbroce con herramientas como palas y picos.

1.2.3. Normas relacionadas

- **NTP E.020:** Para el reconocimiento y evaluación de suelos.
- **NTP E.050:** Directrices sobre preparación de terrenos.

1.2.4. Procedimiento para la preparación de la obra

Una preparación adecuada de la obra incluye la delimitación de áreas, la instalación de equipos de seguridad y la planificación de la logística de trabajo.

- **Delimitación del área de trabajo:** Marcación con estacas y cinta de seguridad.
- **Instalación de medidas de seguridad:** Colocación de barandas y señalización.
- **Planificación de accesos y almacenamiento:** Diseño de rutas de acceso para maquinaria y zonas de almacenamiento de materiales.

1.3. Cimentaciones superficiales

Imagen 3: Proyecto Tahuaycani J13 img 01.
Fuente propia: Proyecto Tahuaycani J13.

Las cimentaciones superficiales son aquellas que se encuentran a poca profundidad y que transmiten la carga de la estructura al terreno de manera directa.

1.3.1. Procedimientos de excavación

- **Excavación manual:** Utilizada en terrenos de fácil acceso, con herramientas como palas y picos.

Imagen 4: Proyecto de Vivienda Unifamiliar Pampa de Camarones.
Fuente: Elaboración propia.

- **Excavación mecánica:** Empleo de excavadoras y retroexcavadoras para grandes volúmenes de trabajo.

1.3.2. Diseño y construcción de zapatas y losa de cimentación

- **Cálculo de dimensiones:** Considerar las cargas estructurales y el tipo de suelo.
- **Armadura de refuerzos:** El uso de varillas y la colocación de mallas de refuerzo.

1.3.3. Normas aplicables

- **NTP E.060:** Directrices sobre cimentaciones superficiales y detalles de armado.

1.4. Cimentaciones profundas

Las cimentaciones profundas son esenciales cuando el suelo superficial no tiene la capacidad de carga necesaria. Se utilizan elementos como pilotes y micropilotes para alcanzar estratos de suelo con mayor resistencia.

Imagen 5: Control de ejecución de pilotes perforados.

1.4.1. Tipos de cimentaciones profundas

- **Pilotes de hinca:** Utilizados en suelos con baja resistencia superficial.
- **Micropilotes:** Ideales para terrenos urbanos con restricciones de espacio.

1.4.2. Procedimientos de perforación e hincado

- **Equipos de perforación:** Perforadoras rotatorias y de percusión.

Imagen 6: Perforados de extracción.

- **Control de asentamientos:** Uso de equipos de monitoreo para evitar desplazamientos no deseados.

1.4.3. Control de calidad

- **Pruebas de integridad:** Evaluaciones con equipos de ultrasonido y test de carga.

1.4.4. Norma aplicable

- **NTP E.060:** Especificaciones para cimentaciones profundas.

1.5. Evaluación de la fase 1

La evaluación de la fase 1 se centra en asegurar que los estudiantes hayan comprendido y puedan aplicar los procedimientos descritos.

1.5.1. Actividades prácticas

- **Reconocimiento de suelos:** Prueba de Proctor modificado en terreno.

1.5.2. Cuestionarios de evaluación

El docente entregará los cuestionarios impresos para ser desarrollados en clase.

Fase 2: Albañilería, concreto simple y concreto armado

2.1. Albañilería y mampostería

2.1.1. Introducción a la albañilería

La albañilería es una de las disciplinas más antiguas y fundamentales en la construcción. Involucra la construcción de muros, tabiques y otras estructuras mediante el uso de materiales como ladrillos, bloques de concreto y mampostería.

Imagen 7: Proyecto Tahuaycani J13 img 02.
Fuente propia: Proyecto Tahuaycani J13.

Importancia de la albañilería

La calidad en el trabajo de albañilería es crucial para la estabilidad y durabilidad de las edificaciones. Un trabajo bien ejecutado garantiza la resistencia estructural y reduce los costos de mantenimiento a largo plazo.

2.1.2. Procesos constructivos en albañilería

Los procesos constructivos de la albañilería pueden dividirse en varias etapas importantes:

2.1.2.1. Preparación del material

- **Selección de ladrillos y bloques:** Verificar que los materiales cumplan con las especificaciones de calidad, como la resistencia a la compresión.
- **Humedecimiento de materiales:** Los ladrillos deben estar humedecidos antes de ser colocados para evitar que absorban humedad de la mezcla y garantizar una mejor adherencia.

Imagen 8: Proyecto Tahuaycani J13 img 03.
Fuente propia: Proyecto Tahuaycani J13.

2.1.2.2. Proceso de colocación

- **Asentamiento de ladrillos:** Se debe aplicar una capa de mortero uniforme y colocar los ladrillos de manera que se mantenga la alineación y nivelación.
- **Uso de nivel y plomada:** Para asegurar que las paredes estén verticales y al nivel adecuado.

Imagen 9: Proyecto Tahuaycani J13 img 04.
Fuente propia: Proyecto Tahuaycani J13.

2.1.2.3. Procedimiento de juntas y terminación

- **Juntas de mortero:** Deben ser compactadas y lisas para evitar el ingreso de agua y otros agentes externos.
- **Revoque y acabado:** Aplicación de revestimientos para proteger la superficie y mejorar la apariencia estética.

Imagen 10: Proyecto Tahuaycani J13 img 05.
Fuente propia: Proyecto Tahuaycani J13.

2.1.3 Evaluación de calidad de las unidades de albañilería

La verificación de la calidad es crucial para asegurar la durabilidad y resistencia de las construcciones.

2.1.3.1. Métodos de evaluación

- **Pruebas de resistencia a la compresión:** Verificación de la capacidad de carga de ladrillos y bloques.
- **Inspección visual:** Comprobación de la alineación y el acabado de las unidades de albañilería.

- **Control de humedad de materiales:** Asegurar que los materiales no estén demasiado secos ni húmedos para evitar problemas en el asentamiento.
- **Certificados de calidad:** Documentos enviados por el proveedor.

	SISTEMA DE GESTIÓN **FORMATO**	Código: FT-GPAC-CP-38
DIAMANTE	**CERTIFICADO INTERNO DE CALIDAD PARA LADRILLOS ESTRUCTURALES Y TABIQUERÍA**	Versión: 01 Aprobación: 31.01.2020

CERTIFICADO DE CALIDAD

SOLICITA: MAGNUS CONTRATISTAS GENERALES S.A.C.

OBRA: "MEJORAMIENTO DEL SERVICIOS DE EDUCACIÓN PRIMARIA DE LA I.E. 40618 MONSEÑOR JOSÉ DE PIRO D'AMICO INGUANEZ, DISTRITO DE CAYMA"

UBICACIÓN: CAYMA - AREQUIPA

PRODUCTO: KK HERCULES 9 (9x14x24) cm DE 17 PERF. OVOIDES

LOTE: S11J27507

FECHA DE PROD: 7/11/2024

Ladrillera El Diamante S.A.C., fabricante de ladrillos de arcilla cocida, certifica que su producto KK HERCULES 9 (9x14x24) cm DE 17 PERF. OVOIDES cumple con los requisitos técnicos establecidos por la NORMA TECNICA E-070 ALBAÑILERIA como CLASE Ladrillo IV en medidas, alabeo y resistencia a la compresión, la que garantiza la calidad del ladrillo.

Los ensayos fueron realizados en el laboratorio de control de calidad de Ladrillera El Diamante S.A.C., cumpliendo las especificaciones de NTP 399.613-2017 UNIDADES DE ALBAÑILERIA. Métodos de muestreo y ensayo de ladrillos de arcilla usados en albañileria.

Se adjunta los datos técnicos obtenidos en laboratorio del lote en mención.

Arequipa, 13 de Noviembre de 2024

Imagen 11: Dossier de calidad Proyecto img 01. Fuente: Dossier de calidad Proyecto «Obra: Mejoramiento del servicio de educación primaria de la I. E. 40618 Monseñor José de Piro D'Amico Inguanez, distrito de Cayma, provincia de Arequipa, departamento de Arequipa».

<table>
<tr><td rowspan="3">
DIAMANTE
LADRILLOS</td><td colspan="2" align="center">SISTEMA DE GESTIÓN
FORMATO</td><td>Código: FT-GPAC-CP-38</td></tr>
<tr><td colspan="2" align="center">CERTIFICADO INTERNO DE CALIDAD PARA
LADRILLOS ESTRUCTURALES Y TABIQUERÍA</td><td>Versión: 01
Aprobación: 31.01.2020</td></tr>
</table>

CERTIFICADO DE CALIDAD CC-968-2024

Solicita:	MAGNUS CONTRATISTAS GENERALES S.A.C.
Obra:	"MEJORAMIENTO DEL SERVICIOS DE EDUCACIÓN PRIMARIA DE LA I.E. 40618 MONSEÑOR JOSÉ DE PIRO D'AMICO INGUANEZ, DISTRITO DE CAYMA"
Ubicación:	CAYMA - AREQUIPA
Fecha de Informe:	13/11/2024
Lote:	511127507 KK HERCULES 9 (9x14x24) cm DE 17 PERF. OVOIDES

ESPECIFICACION DE LA MUESTRA			DIMENSIONES Y PESOS					RESISTENCIA A LA COMPRESION	ABSORCION
PRODUCTO	MUESTRA	FECHA DE PRODUCCION	VAR. ALTO (%)	VAR. ANCHO (%)	VAR. LARGO (%)	ALABEO (mm)	PESO (Kg)	(Kg/cm2)	%
KK HERCULES 9 (9x14x24) cm DE 17 PERF. OVOIDES	M-1	7/11/2024	0.0%	1.4%	0.0%	1.0	2.919	174.69	13%
KK HERCULES 9 (9x14x24) cm DE 17 PERF. OVOIDES	M-2	7/11/2024	0.0%	0.7%	0.4%	1.0	2.930	170.80	14%
KK HERCULES 9 (9x14x24) cm DE 17 PERF. OVOIDES	M-3	7/11/2024	1.1%	1.4%	0.0%	1.0	2.932	164.99	14%
KK HERCULES 9 (9x14x24) cm DE 17 PERF. OVOIDES	M-4	7/11/2024	0.0%	0.7%	0.0%	1.0	2.938	181.55	13%
KK HERCULES 9 (9x14x24) cm DE 17 PERF. OVOIDES	M-5	7/11/2024	0.0%	1.4%	0.0%	1.0	2.938	157.56	13%
PROMEDIOS			0.2%	1.2%	0.1%	1	2.931	169.92	13%

PROMEDIO	169.92	Kg/cm2
DESV EST	9.16	Kg/cm2
f'b	160.75	Kg/cm2
CV	5.39%	

Los datos están referidos a promedios de muestras extraídas en la descarga del horno, que pueden estar distribuidas en varias puertas del mismo.

Los ensayos de resistencia a la compresion fueron realizados con refrentado de yeso, como lo indica la norma NTP 399.613-2017 UNIDADES DE ALBAÑILERIA

Se detallan los equipos de medición utilizados para los ensayos de laboratorio.

CÓDIGO INTERNO	NOMBRE DEL EQUIPO	DOCUMENTO CALIBRACION VERIFICACION	MARCA	MODELO	N° SERIE
PES-026-LAB	Balanza de 15 Kg	E084-LM085-23	OHAUS	R31P15	S/N: 8342035069
LON-051-LAB	Escuadra 30 cm	V-E10-2024	STANLEY	45-600	S/N: 74208977
LON-038-LAB	Regla metálica 30 cm	V-R6-2024	TWINS	—	S/N: ---
PRE-003-LAB	Prensa de Ensayos Destructivos	597-2024-CK	ELE	ADR TOUCH SOLO	S/N: 1912-4-10519

Referencia - Norma E-070

Tipo	Variación de Dimensiones			Alabeo	Resistencia
	Hasta 10cm	Hasta 15cm	Más de 15cm	(máx. en mm)	Mínima kg/cm2
III	± 5%	±4%	±3%	6	95
IV	± 4%	± 3%	± 2%	4	130
V	± 3%	± 2%	±1%	2	180
Bloque P	± 4%	± 3%	± 2%	4	50

Observaciones:

- El lote de ladrillos se clasifica como Unidad de Albañileria Clase Ladrillo IV según los resultados de resistencia a la compresión.
- La Variación de medidas y alabeo se encuentran en Clase Ladrillo IV

REALIZADO POR:	REVISADO POR:	APROBADO POR:
Milagros Herencia Barrios ANALISTA DE LABORATORIO	Frank Oliver Díaz Tito SUPERVISOR DE CONTROL DE CALIDAD	Paul Rolando Ruiz Caro Chavet JEFE DE CONTROL DE CALIDAD

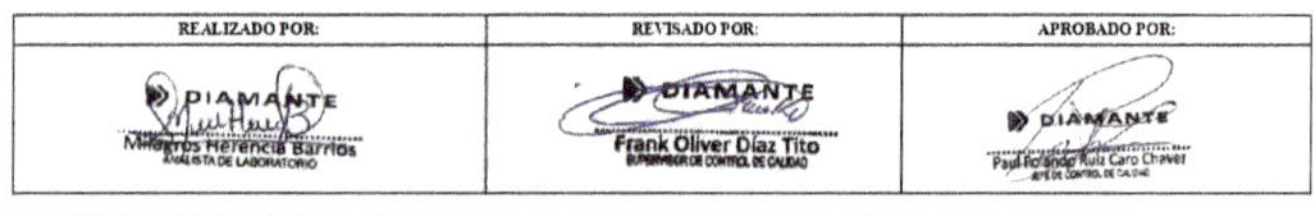

Imagen 12: Dossier de calidad Proyecto img 02. **Fuente:** Dossier de calidad Proyecto «Obra: Mejoramiento del servicio de educación primaria de la I. E. 40618 Monseñor José de Piro D'Amico Inguanez, distrito de Cayma, provincia de Arequipa, departamento de Arequipa».

2.1.3.2. Normas técnicas peruanas (NTP) aplicadas

- **NTP E.070:** Evaluación de la calidad de ladrillos y bloques de concreto.
- **NTP 399.003:** Especificaciones para la mezcla de mortero y sus componentes.
- **NTP E.060:** Normas generales sobre la construcción de estructuras de mampostería.

2.1.4. Verificación de la calidad en obra

El proceso de verificación en obra incluye la aplicación de métodos de control que aseguren que el trabajo se realice de acuerdo con las especificaciones.

2.1.4.1. Inspecciones y pruebas en sitio

- **Inspección de juntas y nivelación:** Uso de herramientas como la plomada y nivel láser para verificar que las paredes sean verticales y al nivel adecuado.
- **Prueba de adherencia del mortero:** Colocar una muestra de mortero y verificar su capacidad de adherirse a la superficie del ladrillo.

2.1.4.2. Cumplimiento de normas de seguridad y calidad

El uso de equipos de protección personal (EPP) es esencial en todas las fases de la construcción. Además, la implementación de procedimientos estandarizados y el uso de normativas como la **NTP E.070** permiten garantizar que la calidad de la obra sea óptima.

Imagen 13: Proyecto Mejoramiento I. E. 40618 img 01.
Fuente propia: Charla diaria de seguridad obra: «Mejoramiento del servicio de educación primaria de la I. E. 40618 Monseñor José de Piro D'Amico Inguanez, distrito de Cayma, provincia de Arequipa, departamento de Arequipa».

Imagen 14: Proyecto Mejoramiento I. E. 40618 img 02.
Fuente propia: Obra: «Mejoramiento del servicio de educación primaria de la I. E. 40618 Monseñor José de Piro D'Amico Inguanez, distrito de Cayma, provincia de Arequipa, departamento de Arequipa».

2.2. Concreto simple

2.2.1. Introducción al concreto simple

El concreto simple es un material fundamental en la construcción, utilizado ampliamente en estructuras como losas, vigas y elementos de cimentación. Este tipo de concreto se caracteriza por su resistencia a la compresión y su capacidad de formar estructuras duraderas y resistentes.

Importancia del concreto simple

El concreto simple es crucial debido a su resistencia, versatilidad y durabilidad. Se emplea en una variedad de aplicaciones, desde la pavimentación de calles hasta la construcción de cimientos y estructuras de soporte.

Imagen 15: Proyecto Tahuaycani J13 img 06.
Fuente propia: Proyecto Tahuaycani J13.

2.2.2. Proceso constructivo de concreto simple

El proceso de construcción con concreto simple implica una serie de pasos para asegurar que el resultado final cumpla con las especificaciones de calidad y resistencia.

2.2.2.1. Preparación de la mezcla

- **Componentes básicos:** La mezcla de concreto se compone de cemento, arena, grava y agua.
- **Proporciones de la mezcla:** Según la **NTP 399.001**, las proporciones deben cumplir con la resistencia requerida para cada tipo de obra.
- **Mezcla en obra**

Imagen 16: Proyecto Piedra Santa F11 img 01.
Fuente propia: Proyecto Piedra Santa F11.

Imagen 17: Proyecto Tahuaycani J13 img 07.
Fuente propia: Proyecto Tahuaycani J13.

- **Mezcla en planta:** Para garantizar una mezcla homogénea y precisa, se recomienda usar una planta de concreto o un mezclador de alta capacidad.

Imagen 18: Proyecto Tahuaycani J13 img 08.
Fuente propia: Proyecto Tahuaycani J13.

2.2.2.2. Vertido y colocación

- **Vertido en moldes:** Es fundamental verter el concreto de manera uniforme para evitar la segregación.
- **Uso de vibradores de inmersión:** La vibración asegura que el concreto se distribuya correctamente y elimine burbujas de aire, mejorando la densidad y resistencia.

Imagen 19: Proyecto Tahuaycani J13 img 09.
Fuente propia: Proyecto Tahuaycani J13.

2.2.2.3. Curado y mantenimiento

- **Proceso de curado:** El curado se debe realizar de acuerdo con la **NTP E.080** para garantizar la hidratación adecuada del cemento y alcanzar la resistencia esperada.

Imagen 20: Proyecto Tahuaycani J13 img 10.
Fuente propia: Proyecto Tahuaycani J13.

- **Métodos de curado:** Se pueden usar métodos como el humedecimiento constante o la aplicación de compuestos *curing*.

2.2.3. Evaluación de calidad del concreto simple

La evaluación de la calidad del concreto es esencial para garantizar la resistencia y durabilidad de las estructuras construidas.

2.2.3.1. Pruebas de calidad

- **Prueba de slump (consistencia):** Según la **NTP 399.001**, la consistencia del concreto debe verificarse con el cono de Abrams, que mide la fluidez de la mezcla.

Imagen 21: Proyecto Mejoramiento I. E. 40618 img 02.
Fuente propia: Proyecto «Obra: Mejoramiento del servicio de educación primaria de la I. E. 40618 Monseñor José de Piro D'Amico Inguanez, distrito de Cayma, provincia de Arequipa, departamento de Arequipa».

- **Ensayo de resistencia a la compresión:** Se deben realizar pruebas de resistencia con moldes de cilindros de concreto de acuerdo con la **NTP 399.003**.
- **Control de la temperatura:** Durante la colocación, se debe controlar la temperatura del concreto para evitar que se presenten problemas de hidratación.

2.2.3.2. Normas técnicas peruanas (NTP) aplicadas

- **NTP 399.001:** Especificaciones de diseño de mezclas de concreto.
- **NTP 399.003:** Pruebas de resistencia a la compresión de cilindros de concreto.
- **NTP E.080:** Directrices para el curado del concreto.

2.2.4. Verificación de la calidad en obra

La inspección de la calidad del concreto debe realizarse en cada etapa del proceso constructivo para asegurar que se cumplan las normas y especificaciones.

2.2.4.1. Inspecciones en sitio

- **Control de la mezcla:** Asegurar que la proporción de los materiales cumpla con la **NTP 399.001**.
- **Prueba de consistencia en obra:** Verificar la fluidez mediante el cono de Abrams.
- **Revisión de la colocación y vibrado:** Inspeccionar la distribución uniforme y la eliminación de burbujas de aire.

2.2.4.2. Cumplimiento de normas y seguridad

El cumplimiento de las normas de seguridad, como el uso de **EPP**, y la aplicación de las **NTP** son esenciales para la calidad y la seguridad en la ejecución del concreto.

2.3. Concreto armado

2.3.1. Introducción al concreto armado

El concreto armado es una combinación de concreto y acero de refuerzo que proporciona alta resistencia a la compresión y tracción, haciéndolo ideal para elementos estructurales como vigas, columnas y losas. Esta combinación permite que el material soporte cargas elevadas y resista fuerzas de tensión y compresión.

Importancia del concreto armado

El concreto armado es esencial en la construcción moderna por su versatilidad y capacidad para adaptarse a diversas condiciones de carga y diseño arquitectónico. La integración del acero con el concreto permite que se maximice la resistencia y durabilidad de las estructuras.

2.3.2. Proceso constructivo del concreto armado

El proceso de construcción con concreto armado incluye varias fases que van desde el diseño hasta la puesta en obra y curado.

Imagen 22: Proyecto Tahuaycani J13 img 11.
Fuente propia: Proyecto Tahuaycani J13.

Imagen 23: Proyecto Tahuaycani J13 img 12.
Fuente propia: Proyecto Tahuaycani J13.

Imagen 24: Proyecto Tahuaycani J13 img 13.
Fuente propia: Proyecto Tahuaycani J13.

2.3.2.1. Diseño de elementos de concreto armado

- **Cálculo de refuerzos:** Utilización de normas como la **NTP 399.001** para el cálculo de la cantidad y distribución de varillas de acero.
- **Determinación de las dimensiones:** Basadas en el análisis estructural y en las cargas esperadas de la construcción.

2.3.2.2. Preparación de armado y colocación de refuerzos

- **Colocación de varillas de acero:** Las varillas deben estar ubicadas de acuerdo con el diseño especificado, asegurando el espacio y separación adecuada mediante separadores y ligaduras.

Imagen 25: Proyecto Tahuaycani J13 img 14.
Fuente propia: Proyecto Tahuaycani J13.

- **Norma aplicable: NTP 399.003** para la colocación y distribución de elementos de refuerzo.

Imagen 26: Proyecto Piedra Santa F11 img 02.
Fuente propia: Proyecto Piedra Santa F11.

2.3.2.3. Vertido y colocación del concreto

- **Mezcla de concreto:** Según las proporciones establecidas en la **NTP 399.001**, el concreto debe mezclarse con la cantidad de agua adecuada para alcanzar la trabajabilidad necesaria.
- **Vertido:** El concreto se debe verter de manera uniforme y sin interrupciones para evitar la segregación.
- **Vibrado:** Uso de vibradores de inmersión para asegurar la eliminación de burbujas de aire y una buena compactación del concreto.

Imagen 27: Proyecto Piedra Santa F11 img 03.
Fuente propia: Proyecto Piedra Santa F11.

2.3.2.4. Curado del concreto armado

El curado es esencial para obtener la resistencia adecuada y evitar fisuras debido a la deshidratación prematura.

- **Métodos de curado:** Se pueden utilizar métodos como el humedecimiento continuo, la aplicación de compuestos *curing* o el uso de cobertores húmedos.
- **Norma aplicable: NTP E.080** para el curado del concreto.

2.3.3. Evaluación de calidad del concreto armado

La evaluación de la calidad se realiza a través de pruebas y controles que aseguran que el concreto y el acero cumplen con los requisitos establecidos en el diseño y las normas aplicables.

2.3.3.1. Pruebas de control de calidad

- **Prueba de resistencia a la compresión:** Se realiza en cilindros de concreto y debe cumplir con los valores especificados en la **NTP 399.003**.

Imagen 28: Proyecto Mejoramiento I. E. 40618 img 03.
Fuente propia: Proyecto «Obra: Mejoramiento del servicio de educación primaria de la I. E. 40618 Monseñor José de Piro D'Amico Inguanez, distrito de Cayma, provincia de Arequipa, departamento de Arequipa».

- **Verificación de la cobertura de refuerzo:** Comprobación de que la capa de concreto cubre adecuadamente las varillas para evitar la corrosión.

Imagen 29: Laboratorio TechLab Arequipa img 01.
Fuente propia: Laboratorio TechLab Arequipa.

Imagen 30: Laboratorio TechLab Arequipa img 02.
Fuente propia: Laboratorio TechLab Arequipa.

2.3.3.2. Normas técnicas peruanas (NTP) aplicadas

- **NTP 399.001:** Especificaciones de diseño y mezclas de concreto.
- **NTP 399.003:** Control de calidad y prueba de resistencia.
- **NTP E.080:** Curado del concreto.
- **NTP 399.005:** Especificaciones para el uso y prueba de varillas de refuerzo.

2.3.4. Verificación de la calidad en obra

La inspección de la calidad del concreto armado debe realizarse en cada etapa del proceso de construcción.

2.3.4.1. Inspecciones en sitio

- **Control visual de armados:** Asegurar que las varillas estén bien colocadas y que se respeten las medidas de separación y anclaje.
- **Pruebas de slump:** Verificar la consistencia del concreto antes de su colocación.
- **Control de temperaturas:** Asegurar que el concreto no sufra cambios drásticos de temperatura que puedan afectar su calidad.

2.3.4.2. Documentación y reportes

- **Informe de pruebas de calidad:** Detallar los resultados de pruebas de resistencia y otros controles aplicados.

	CONSORCIO JOSE DE PIRO	
	SISTEMA DE GESTIÓN DE CALIDAD	CÓD. CLIENTE:
HOJA: 1 de 1		
ESPECIALIDAD: Civil	REGISTRO DE INSPECCIÓN DE ENCOFRADO	FECHA:

1.0 DATOS GENERALES — FECHA: 25/11/2024 — REGISTRO N°

CLIENTE:	MUNICIPALIDAD DISTRITAL DE CAYMA	**ÁREA:**	F
PROYECTO:	MEJORAMIENTO DEL SERVICIOS DE EDUCACIÓN PRIMARIA DE LA I.E. 40618 MONSEÑOR JOSÉ DE PIRO D'AMICO INGUANEZ	**SISTEMA:**	Estructural
DESCRIPCIÓN:	COLUMNAS EN PABELLÓN "F" SEGUNDO NIVEL	**PLANO:**	E01 A01

2.0 PUNTOS DE INSPECCIÓN:

2.1 Esquema del Encofrado

SE ADJUNTA PLANOS DE DETALLES

2.2 Datos Dimensionales

DATOS DIMENSIONALES (m)							
DIMENSIÓN	A	B	C	D	E	F	G
MEDIDA NOMINAL	3.60	2.20	31.68	-	-	-	-
MEDIDA REAL	3.60	2.20	31.68	-	-	-	-

2.3 Verificación del Encofrado

PUNTOS DE CONTROL	VERIFICACIÓN				COMENTARIOS
	C	NC	NA	R	
MATERIAL DEL ENCOFRADO	✓				
CONDICIÓN DEL ENCOFRADO	✓				
LIMPIEZA DE FORMAS DE ENCOFRADO	✓				
FORMA Y DIMENSIONES DEL ENCOFRADO (mm)	✓				
APLICACIÓN DE DESMOLDANTE (Especifique)	✓				
ASEGURAMIENTO DE SOLERAS	✓				
APUNTALAMIENTO Y FIJACIÓN	✓				
ALINEAMIENTO	✓				
VERTICALIDAD	✓				
HERMETICIDAD DEL ENCOFRADO	✓				

C = CONFORME.   NC = NO CONFORME.   NA = NO APLICA.   R = REPARADO/CORREGIDO

3.0 NOTAS/COMENTARIOS/OBSERVACIONES:

N° Ejes 14-P, 14-S, 15-P, 15-S, 16-P, 16-S

4.0 APROBACIÓN:

Supervisión Calidad (Contratista)	Residente (Contratista)	Supervisión (Cliente)
NOMBRE:	NOMBRE:	NOMBRE:
FIRMA:	FIRMA:	FIRMA:
CONSORCIO JOSE DE PIRO — Ing. Raúl Saavedra Villasis — CIP 240133 — INGENIERO CONTROL DE CALIDAD	CONSORCIO JOSE DE PIRO — Ing. Salvador Patricia Bejarano Peraldilla — CIP 240378 — RESIDENTE DE OBRA	CIRO AQUICE CASTAÑEDA — SUPERVISOR DE OBRA — CIP. 45047

Imagen 31: Dossier de calidad Proyecto img 03.
Fuente: Dossier de calidad Proyecto «Obra: Mejoramiento del servicio de educación primaria de la I. E. 40618 Monseñor José de Piro D'Amico Inguanez, distrito de Cayma, provincia de Arequipa, departamento de Arequipa».

<table>
<tr><td rowspan="3">[logo]</td><td colspan="2">CONSORCIO JOSE DE PIRO</td><td colspan="2">CONSORCIO JOSE DE PIRO</td></tr>
<tr><td colspan="2">SISTEMA DE GESTIÓN DE CALIDAD</td><td>CÓD. CLIENTE:</td><td></td></tr>
<tr><td colspan="2">REGISTRO DE HABILITADO Y COLOCADO DE ACERO DE REFUERZO</td><td>FECHA:</td><td>3-Oct-24</td></tr>
</table>

HOJA:	1 de 1
ESPECIALIDAD:	Civil

1.0 DATOS GENERALES FECHA: 25/11/2024 REGISTRO N°

CLIENTE:	MUNICIPALIDAD DISTRITAL DE CAYMA	ÁREA:	F
PROYECTO:	MEJORAMIENTO DEL SERVICIOS DE EDUCACIÓN PRIMARIA DE LA I.E. 40618 MONSEÑOR JOSÉ DE PIRO D'AMICO INGUANEZ	SISTEMA:	ESTRUCTURAS
DESCRIPCIÓN:	COLUMNAS EN PABELLÓN "F" SEGUNDO NIVEL	PLANO:	E01AD3

2.0 TIPO DE ESTRUCTURA:

VIGA	☐	PEDESTAL	☐	TECHO	☐	TAPA	☐	VIGA DE CIMENTACIÓN	☐
ZAPATA	☐	COLUMNA	✓	LOSA	☐	MURO	☐	OTRO:	☐

3.0 INSPECCIÓN:

3.1 Esquema de la Armadura

SE ADJUNTA PLANO DE DETALLES

3.2 Verificación del Acero de Refuerzo

PUNTOS DE CONTROL	VERIFICACIÓN				COMENTARIOS
	C	NC	NA	R	
LIMPIEZA (corrosión, concreto, grasa).	✓	☐	☐	☐	
CALIDAD DEL ACERO (Norma ASTM, grado, marca).	✓	☐	☐	☐	
DIÁMETRO DE VARILLA (Pulg.) Indicar si es liso o corrugado.	✓	☐	☐	☐	Acero corrugado
LONGITUD DE TRASLAPE (mm.)	✓	☐	☐	☐	
CORRECTA UBICACIÓN DE LOS TRASLAPES	✓	☐	☐	☐	
LONGITUD DE GANCHO (mm.)	✓	☐	☐	☐	
ESPACIAMIENTO ENTRE BARRAS (mm.)	✓	☐	☐	☐	
ESPACIAMIENTO DE ESTRIBOS (mm.)	✓	☐	☐	☐	
ALAMBRE DE AMARRE	✓	☐	☐	☐	
SOPORTES PARA RECUBRIMIENTO CONTRA BASE (mm)	✓	☐	☐	☐	
SOPORTE PARA RECUBRIMIENTO LATERAL (mm.)	✓	☐	☐	☐	
VERTICALIDAD (Plomada)	✓	☐	☐	☐	
HORIZONTABILIDAD (Nivel)	✓	☐	☐	☐	

C = CONFORME. NC = NO CONFORME. NA = NO APLICA; R = REPARADO/CORREGIDO

4.0 NOTAS/COMENTARIOS/OBSERVACIONES:

⋔ Ejes 14-P, 14-S, 15-P, 15-S, 16-P, 16-S

5.0 APROBACIÓN:

Supervisión Calidad (Contratista)	Residente (Contratista)	Supervisión (Cliente)
NOMBRE:	NOMBRE:	NOMBRE:
FIRMA: CONSORCIO JOSE DE PIRO Ing. Noel Saavedra Villasis CIP 248133 INGENIERO CONTROL DE CALIDAD	FIRMA: CONSORCIO JOSE DE PIRO Ing. Salvador Patricio Nejarabo Paralhilla CIP 290174 RESIDENTE DE OBRA	FIRMA: CIRO AQUICE CASTAÑEDA SUPERVISOR DE OBRA CIP. 45047

Imagen 32: Dossier de calidad Proyecto img 04.
Fuente: Dossier de calidad Proyecto «Obra: Mejoramiento del servicio de educación primaria de la I. E. 40618 Monseñor José de Piro D'Amico

Inguanez, distrito de Cayma, provincia de Arequipa, departamento de Arequipa».

	CONSORCIO JOSE DE PIRO	CONSORCIO JOSE DE PIRO
	SISTEMA DE GESTIÓN DE CALIDAD	CÓD. CLIENTE:
HOJA: 1 de 1		
ESPECIALIDAD: Civil	REGISTRO DE VACIADO DE CONCRETO	FECHA:

1.0 DATOS GENERALES FECHA: 25/11/2024 REGISTRO N°

CLIENTE:	MUNICIPALIDAD DISTRITAL DE CAYMA	Bloque:	F
PROYECTO:	MEJORAMIENTO DEL SERVICIOS DE EDUCACIÓN PRIMARIA DE LA I.E 40618 MONSEÑOR JOSÉ DE PIRO D'AMICO INGUANEZ	SISTEMA:	Estructural
DESCRIPCIÓN:	COLUMNAS EN PABELLÓN "F" SEGUNDO NIVEL	PLANO:	E01 AD3

2.0 INSPECCIÓN:

2.1 Tipo de Estructura a Vaciar

- Viga [ ]
- Columna [✓]
- Losa [ ]
- Zapata [ ]
- Muro [ ]
- Pedestal [ ]
- Canaleta [ ]
- Vereda [ ]
- Otro [ ]

2.2 Información General

Ubicación (Ejes): 14 - P, 14 - S, 15 - P, 15 - S, 16 - P, 16 - S

Diseño de Mezcla: $f'c = 210\ kg/cm^2$ Redes de desague: NA

Redes eléctricas: NA Ladrillo de techo: NA

Redes de agua: NA Redes de telecomunicaciones: NA

2.3 Colocación de Concreto

Inicio de Vaciado: 11:00 hra Vibrador de concreto: Ø 1 1/2"

Fin de Vaciado: 12:50 hra Aditivos: 2 Aditivos

N°	PLACA MIXER	N° DE GUÍA	VOLUMEN (m3)	SLUMP (pulg)	TEMPERATURA CONCRETO (°C)	TEMPERATURA AMBIENTE (°C)	HORA PRUEBA
01	V2A 880	T001 - 0014391	6	4 - 6	/	20	11:30

3.0 NOTAS/COMENTARIOS/OBSERVACIONES:

4.0 APROBACIÓN:

Supervisión Calidad (Contratista)	Residente (Contratista)	Supervisión (Cliente)
NOMBRE:	NOMBRE:	NOMBRE:
FIRMA:	FIRMA:	FIRMA:
CONSORCIO JOSE DE PIRO Ing. Raúl Saavedra Villasis CIP. 268133 INGENIERO CONTROL DE CALIDAD	CONSORCIO JOSE DE PIRO Ing. Salvador Patricio Bejarano Peralvilla CIP. 78146	CIRO AQUICE CASTAÑEDA SUPERVISOR DE OBRA CIP. 45047

Imagen 33: Dossier de calidad Proyecto img 05.
Fuente: Dossier de calidad Proyecto: «Mejoramiento del servicio de educación primaria de la I. E. 40618 Monseñor José de Piro D'Amico Inguanez, distrito de Cayma, provincia de Arequipa, departamento de Arequipa».

- **Registro de actividades**: Mantener un archivo de las inspecciones y comprobaciones realizadas en obra.

2.4. Inspección y pruebas de calidad

2.4.1. Normas técnicas peruanas (NTP) para albañilería

2.4.1.1. NTP 399.001. Concreto: especificaciones generales y métodos de ensayo

Regula la calidad y las características que debe cumplir el concreto utilizado en construcción.

2.4.1.2. NTP 399.003. Concreto: control de calidad y ensayo de resistencia

Define los procedimientos para pruebas de resistencia y control de calidad del concreto, aplicable tanto a elementos de concreto armado como simple.

2.4.1.3. NTP 399.005. Varillas de acero para concreto armado

Especifica los requisitos de calidad y características de las varillas de acero usadas como refuerzo en la construcción.

2.4.1.4. NTP 399.002. Concreto: proporciones de mezcla

Establece las proporciones adecuadas de cemento, agua y áridos para la fabricación de concreto.

2.4.1.5. NTP E.060. Cimentaciones superficiales

Normas de diseño y ejecución de cimentaciones superficiales, clave para asegurar la estabilidad de los elementos de albañilería.

2.4.1.6. NTP E.020. Reconocimiento y evaluación de suelos

Proporciona los criterios para la identificación y evaluación de las características de los suelos que servirán como base de la obra.

2.4.2. Normas técnicas peruanas (NTP) para concreto simple

2.4.2.1. NTP 399.001. Concreto: especificaciones generales y métodos de ensayo

Aplicada para garantizar que el concreto cumpla con las especificaciones de resistencia y durabilidad.

2.4.2.2. NTP 399.003. Concreto: control de calidad y ensayo de resistencia

Detalla los métodos de prueba para evaluar la resistencia a la compresión y otras características del concreto.

2.4.2.3. NTP 399.002. Concreto: proporciones de mezcla

Indica las proporciones de materiales para obtener un concreto de buena calidad.

2.4.3. Normas técnicas peruanas (NTP) para concreto armado

2.4.3.1. NTP 399.001. Concreto: especificaciones generales y métodos de ensayo

Asegura la calidad de la mezcla de concreto utilizada en estructuras de concreto armado.

2.4.3.2. NTP 399.003. Concreto: control de calidad y ensayo de resistencia

Describe los procedimientos para pruebas de resistencia y control de calidad, esenciales en la evaluación de estructuras de concreto armado.

2.4.3.3. NTP 399.005. Varillas de acero para concreto armado

Regula las características de las varillas de acero, su calidad y resistencia, fundamentales para el refuerzo de elementos de concreto armado.

2.4.3.4. NTP E.080. Curado del concreto

Define los métodos y criterios de curado del concreto, fundamentales para obtener la resistencia esperada.

2.4.3.5. NTP 399.004. Concreto: requisitos de aditivos y su uso

Especifica los aditivos que se pueden emplear para modificar las propiedades del concreto, como los retardantes o acelerantes.

2.4.4. Aplicación de las NTP en obra

2.4.4.1. Verificación de la calidad

Asegurar que los materiales y los métodos de construcción cumplan con los estándares de las NTP.

2.4.4.2. Inspecciones en sitio

Realizar revisiones regulares para comprobar que las prácticas de albañilería y el vertido de concreto se realicen correctamente.

2.4.4.3. Pruebas de resistencia

Llevar a cabo pruebas de compresión en cilindros de concreto para garantizar que se cumplan las especificaciones de resistencia.

2.4.4.4. Revisión de armado de estructuras

Confirmar que el diseño y disposición de las varillas de refuerzo cumplan con los planos y normas pertinentes.

2.4.5. Evaluación de la fase 2

Contenido detallado en desarrollo para cada sección.

Fase 3: Trabajos especiales y acabados

3.1. Impermeabilización y aislamiento

3.1.1. Introducción a la impermeabilización y aislamiento

La impermeabilización y el aislamiento son procesos esenciales en la construcción para garantizar la durabilidad de las estructuras y la protección contra agentes externos como humedad, agua y ruidos. Estos procesos se aplican en diversos elementos de la construcción, como muros, techos, pisos y cimientos.

3.1.2. Impermeabilización: procedimientos y normas

3.1.2.1. Técnicas de impermeabilización

- **3.1.2.1.1. Impermeabilización con membranas asfálticas**: Aplicación de láminas de asfalto que se adhieren a la superficie y proporcionan una capa resistente al paso de agua.

Imagen 34: Aplicación de *slurry*.
Fuente: https://www.ventadeasfalto-rc-250.com.pe/venta-de-emulsion-as-
faltica-de-rotura-media-en-arequipa-peru.html

- **3.1.2.1.2. Impermeabilización líquida**: uso de productos líquidos que se aplican con brocha o rodillo, creando una capa continua y flexible.
- **3.1.2.1.3. Impermeabilización de poliuretano**: aplicación de un material de alta resistencia que forma una capa impermeable al agua y a agentes externos.

3.1.2.2. Normas técnicas peruanas para impermeabilización

- **3.1.2.2.1. NTP 339.032**: especificaciones para la instalación de membranas asfálticas.
- **3.1.2.2.2. NTP 339.033**: directrices para la aplicación de impermeabilizantes líquidos.
- **3.1.2.2.3. NTP 339.034**: requisitos de calidad para impermeabilizantes de poliuretano.

Imagen 35: Aplicación de poliuretano.
Fuente: https://impermeabilizantesyaislantestermicosmonterrey.com/
project/poliuretano-espreado/

3.1.2.3. Control de calidad en la impermeabilización

- **3.1.2.3.1. Inspección visual**: verificar que la capa impermeable esté uniforme y sin defectos.
- **3.1.2.3.2. Prueba de estanqueidad**: aplicar agua sobre la superficie y comprobar que no haya filtraciones.

3.1.3. Aislamiento: procedimientos y normas

3.1.3.1. Técnicas de aislamiento

- **3.1.3.1.1. Aislamiento térmico:** uso de materiales como lana de vidrio, poliestireno expandido y espuma de poliuretano para reducir la transferencia de calor.
- **3.1.3.1.2. Aislamiento acústico**: implementación de materiales como paneles de aislamiento acústico y soluciones de doble muro para minimizar el ruido.

3.1.3.2. Normas técnicas peruanas para aislamiento

- **3.1.3.2.1. NTP 339.021**: normas para la instalación de materiales de aislamiento térmico.
- **3.1.3.2.2. NTP 339.022**: especificaciones para soluciones de aislamiento acústico en edificaciones.

3.1.3.3. Evaluación de la eficiencia del aislamiento

- **3.1.3.3.1. Medición de la conductividad térmica**: utilización de equipos de medición para verificar la capacidad de aislamiento térmico.
- **3.1.3.3.2. Prueba de absorción acústica**: evaluación de la reducción de ruido en una estructura construida.

3.2. Instalaciones complementarias

Las instalaciones complementarias son elementos que no forman parte de la estructura primaria, pero que son esenciales para el buen funcionamiento de la edificación. Estas incluyen sistemas eléctricos, de fontanería, de ventilación y otros servicios que permiten el uso óptimo y seguro de la construcción.

3.2.1. Tipos de instalaciones complementarias

3.2.1.1. Instalaciones eléctricas

Las instalaciones eléctricas se encargan de proporcionar la energía necesaria para el funcionamiento de equipos y dispositivos dentro de la edificación. Deben realizarse de acuerdo con las normativas de seguridad para prevenir accidentes y garantizar la eficiencia energética.

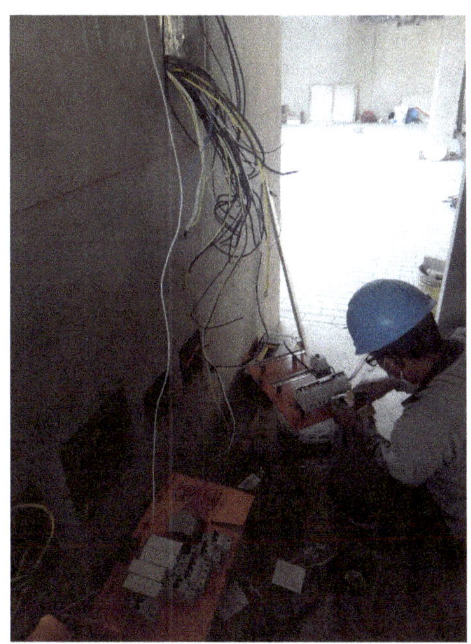

Imagen 36: Proyecto Tahuaycani J13 img 15.
Fuente propia: Proyecto Tahuaycani J13.

Imagen 37: Proyecto Tahuaycani J13 img 16.
Fuente propia: Proyecto Tahuaycani J13.

Normas técnicas peruanas (NTP) relevantes

- **NTP 399.022**: Instalaciones eléctricas de baja tensión. Requisitos de seguridad.
- **NTP 399.023**: Instalaciones eléctricas en edificaciones.

3.2.1.2. Sistemas de fontanería y saneamiento

Estas instalaciones son esenciales para el suministro de agua potable y la evacuación de aguas residuales. Se deben considerar aspectos como la presión, el tipo de tuberías y los sistemas de desagüe.

Normas técnicas peruanas (NTP) relevantes

- **NTP 399.030**: Sistemas de tuberías plásticas para la conducción de agua.
- **NTP 399.031**: Instalaciones de drenaje y saneamiento de aguas residuales.

3.2.1.3. Sistemas de ventilación y extracción

Los sistemas de ventilación y extracción son cruciales para mantener la calidad del aire y controlar la humedad en el interior de los edificios. Se utilizan sistemas mecánicos y naturales para asegurar una circulación de aire adecuada.

Normas técnicas peruanas (NTP) relevantes

- **NTP 399.050**: requisitos para la ventilación de espacios cerrados.
- **NTP 399.051**: sistemas de extracción de aire en edificaciones.

3.2.2. Procedimientos de instalación y verificación

3.2.2.1. Instalación de tuberías y conduits

La correcta instalación de tuberías y *conduits* es esencial para evitar pérdidas, obstrucciones y problemas de presión. Las tuberías deben instalarse siguiendo las rutas establecidas en los planos y cumpliendo con las pendientes adecuadas para el desagüe.

Aspectos clave

- **3.2.2.1.1. Selección de materiales**: Deben cumplirse las especificaciones de resistencia y durabilidad.
- **3.2.2.1.2. Soportes y fijación**: Las tuberías deben estar debidamente sujetas para evitar movimientos y daños.

3.2.2.2. Instalación de sistemas eléctricos

La instalación eléctrica debe realizarse de acuerdo con los planos de diseño, respetando los códigos de color de los cables y el uso de conductos adecuados.

Verificaciones de seguridad

- **3.2.2.2.1. Pruebas de continuidad:** Comprobación de que no haya interrupciones en el circuito.
- **3.2.2.2.2. Inspección de aislamiento:** Verificar que los cables estén correctamente aislados para prevenir cortocircuitos.

3.2.2.3. Verificación de la ventilación

Los sistemas de ventilación deben ser revisados para asegurar un caudal de aire óptimo. Se deben usar medidores de flujo de aire para garantizar que se cumplan los requisitos de ventilación especificados en las normativas.

Pruebas de eficiencia

- **3.2.2.3.1. Inspección de obstrucciones**: Verificar que no existan bloqueos en conductos de ventilación.
- **3.2.2.3.2. Evaluación de presión**: Medir la presión en las salidas de aire para confirmar el funcionamiento correcto.

3.2.3. Control de calidad en las instalaciones complementarias

3.2.3.1. Inspección visual y de componentes

Cada componente de las instalaciones debe ser inspeccionado visualmente y revisado para asegurarse de que esté instalado correctamente y sin daños.

3.2.3.2. Pruebas de funcionamiento

Antes de dar por concluidas las instalaciones, es necesario realizar pruebas de funcionamiento. Por ejemplo, se puede encender el sistema eléctrico, comprobar el flujo de agua en las tuberías y revisar la capacidad de los sistemas de ventilación.

Normas de prueba

- **NTP 399.025**: Requisitos de pruebas de funcionamiento para instalaciones eléctricas.
- **NTP 399.053**: Pruebas de presión en sistemas hidráulicos.

3.3. Acabados

Los acabados son una etapa final en la construcción de una obra que no solo mejora la estética, sino que también protege y prolonga la vida útil de las estructuras. En esta sección, se detallan los tipos de acabados, sus procedimientos de aplicación y los estándares de calidad necesarios para asegurar un resultado óptimo.

3.3.1. Tipos de acabados

3.3.1.1. Acabados de paredes y muros

Los acabados de paredes y muros pueden incluir pintura, revestimiento de yeso, cerámica y otros tipos de materiales. Estos elementos mejoran la resistencia a la humedad, la durabilidad y la apariencia estética.

Imagen 38: Proyecto Tahuaycani J13 img 17.
Fuente propia: Proyecto Tahuaycani J13 instalación de piedra granito.

Imagen 39: Proyecto Tahuaycani J13 img 18.
Fuente propia: Proyecto Tahuaycani J13 carpintería metálica.

Normas técnicas peruanas (NTP) relevantes

- **NTP 400.015**: Requisitos para pintura y revestimientos de interiores.
- **NTP 400.020**: Especificaciones de morteros de acabado.

3.3.1.2. Acabados de pisos y solados

El revestimiento de pisos es crucial para la funcionalidad de las áreas de uso, así como para la seguridad y el confort de los usuarios. Se utilizan materiales como cerámica, porcelanato, mármol y cemento pulido.

Normas técnicas peruanas (NTP) relevantes

- **NTP 400.030**: Requisitos de materiales y procedimientos para pisos cerámicos y de porcelanato.
- **NTP 400.045**: Indicaciones para el pulido y acabados de pisos de concreto.

Imagen 40: Proyecto Tahuaycani J13 img 19.
Fuente propia: Proyecto Tahuaycani J13 preparación de piso para vaciado de concreto.

3.3.1.3. Acabados de techos

Los techos requieren un tratamiento especial para la impermeabilización y resistencia al paso del tiempo, además de ser estéticamente agradables. Se pueden aplicar materiales como pintura especial, yeso y revestimientos impermeables.

Normas técnicas peruanas (NTP) relevantes

- **NTP 400.018**: Especificaciones para acabados de techos y protección contra la humedad.
- **NTP 400.050**: Procedimientos para la instalación de revestimientos de techo.

3.3.2. Procedimientos de aplicación de acabados

3.3.2.1. Preparación de la superficie

Antes de aplicar los acabados, la superficie debe estar limpia, seca y nivelada. Esto implica la eliminación de polvo, grasa y otros contaminantes.

Paso a paso

- **3.3.2.1.1. Limpieza de la superficie**: Usar cepillos, trapos o aspiradoras industriales.
- **3.3.2.1.2. Reparación de imperfecciones**: Sellar fisuras y agujeros con masilla o mortero especial.

3.3.2.2. Aplicación de materiales de acabado

Cada tipo de acabado requiere un procedimiento específico:
- **3.3.2.2.1. Pintura**: Aplicar una o más capas de pintura con brocha o rodillo, asegurando una distribución

uniforme y el tiempo de secado adecuado entre capa y capa.

- **3.3.2.2.2. Revestimientos cerámicos**: Colocación de azulejos o cerámica con adhesivo especial, seguido de la aplicación de lechada para sellar las juntas.
- **3.3.2.2.3. Revestimientos de yeso o estuco**: Aplicar la mezcla con una llana y alisar con movimientos uniformes.

3.3.2.3. Protección y secado

El tiempo de secado es crucial para evitar daños en los acabados y garantizar su adherencia. Se debe respetar el tiempo de secado recomendado para cada tipo de material.

Aspectos clave

- **3.3.2.3.1. Humedad y ventilación**: Controlar la humedad en el entorno para acelerar el proceso de secado y evitar el crecimiento de moho.
- **3.3.2.3.2. Cobertura temporal**: Proteger los acabados recién aplicados con lonas o plásticos si existe el riesgo de contaminación.

3.3.3. Control de calidad en los acabados

3.3.3.1. Inspección visual

La inspección visual es el método más común para evaluar la calidad de los acabados. Se deben revisar la uniformidad del color, la textura y la correcta alineación de los elementos.

3.3.3.2. Pruebas de resistencia

Las pruebas de resistencia aseguran que el acabado pueda soportar el uso y el paso del tiempo sin deteriorarse.

- **3.3.3.2.1. Resistencia a la humedad**: Comprobar que el acabado de las paredes y techos no tenga signos de humedad o moho.
- **3.3.3.2.2. Resistencia a la abrasión**: Evaluar el desgaste en el caso de los pisos y solados.

Normas de calidad

- **NTP 400.055**: Estándares de calidad para revestimientos de muros y pisos.
- **NTP 400.060**: Requisitos de resistencia y durabilidad de acabados de techos.

3.3.3.3. Documentación de la inspección

Es importante documentar cada fase de la inspección y las pruebas realizadas para mantener un registro de la calidad de los acabados.

3.4. Evaluación de los trabajos finales

El docente entregará el material para ser desarrollado en clase.

3.5. Evaluación de la fase 3

El docente entregará el material para ser desarrollado en clase.

Normas técnicas peruanas (NTP) aplicables

- **NTP E.020**: Geotecnia.
- **NTP E.030**: Diseño sismorresistente.
- **NTP E.050**: Suelos y cimentaciones.
- **NTP E.060**: Concreto armado.
- **NTP E.070**: Albañilería.

Anexos: Panel fotográfico

Imagen 41: Proyecto Piedra Santa F11 img 04.
Fuente propia: Proyecto Piedra Santa F11 habilitación de acero para cisterna.

Imagen 42: Proyecto Piedra Santa F11 img 05.
Fuente propia: Proyecto Piedra Santa F11 vaciado de piso de cisterna.

Imagen 43: Proyecto Piedra Santa F11 img 06.
Fuente propia: Proyecto Piedra Santa F11 izado de columnas.

Imagen 44: Proyecto Piedra Santa F11 img 07.
Fuente propia: Proyecto Piedra Santa F11 izado de columnas.

Imagen 45: Proyecto Piedra Santa F11 img 08.
Fuente propia: Proyecto Piedra Santa F11 20/11/2024.

Imagen 46: Proyecto Tahuaycani J13 img 20.
Fuente propia: Proyecto Tahuaycani J13 armado de platea de cimentación.

Imagen 47: Proyecto Tahuaycani J13 img 21.
Fuente propia: Proyecto Tahuaycani J13 armado de platea de cimentación.

Imagen 48: Proyecto Tahuaycani J13 img 22.
Fuente propia: Proyecto Tahuaycani J13 izado de columnas de acero habilitadas en obra.

Imagen 49: Proyecto Tahuaycani J13 img 23.
Fuente propia: Proyecto Tahuaycani J13 armado de vigas de cimentación en platea.

Imagen 50: Proyecto Tahuaycani J13 img 24.
Fuente propia: Proyecto Tahuaycani J13 apuntalado de encofrado metálico para placa de concreto armado contraterreno.

Imagen 51: Proyecto Tahuaycani J13 img 25.
Fuente propia: Proyecto Tahuaycani J13.

Imagen 52: Proyecto Tahuaycani J13 img 26.
Fuente propia: Proyecto Tahuaycani J13 apuntalado de losa aligerado.

Imagen 53: Proyecto Tahuaycani J13 img 27.
Fuente propia: Proyecto Tahuaycani J13 armado de losa aligerada.

Imagen 54: Proyecto Tahuaycani J13 img 28.
Fuente propia: Proyecto Tahuaycani J13 encofrado placa de escaleras de evacuación.

Imagen 55: Proyecto Tahuaycani J13 img 29.
Fuente propia: Proyecto Tahuaycani J13 encofrado placa de escaleras de evacuación.

Imagen 56: Proyecto Tahuaycani J13 img 30.
Fuente propia: Proyecto Tahuaycani J13 encofrado placa de escaleras de evacuación.

Imagen 57: Proyecto Tahuaycani J13 img 31.
Fuente propia: Proyecto Tahuaycani J13 vista exterior 21/04/2021.

Imagen 58: Proyecto Tahuaycani J13 img 32.
Fuente propia: Proyecto Tahuaycani J13 vista exterior 21/03/2022.

Referencias bibliográficas

Ministerio de Vivienda, Construcción y Saneamiento del Perú: Normas Técnicas Peruanas. Manuales de construcción y guías técnicas. Documentos académicos y publicaciones especializadas.

Lecturas recomendadas

Diseño estructural de un edificio antisísmico con software (Manuel I. Laurencio Rao)

Simulación y modelamiento matemático para ingenieros con software, volumen I (Yhon Fuentes Huamán)

Introducción a la Ciencia e Ingeniería de Materiales. Manual de prácticas de laboratorio (Varios autores)

CADUCEUS